DE L'OÏDIUM.

I. Son histoire et ses caractères. — II. Cette maladie a-t-elle déjà paru ? — III. Son apparition dans l'Ain. — IV. Observations et anomalies. — V. Réfutation de quelques erreurs. — VI. Préventions populaires. — VII. Expériences et remèdes. — VIII. Comment finira-t-il ? Espérances.

I.

SON HISTOIRE ET SES CARACTÈRES.

C'est en Angleterre que la maladie de la vigne a paru la première fois, en 1845. Les serres chaudes de *Margate* ont eu le triste privilége de la voir éclater là pour la première fois, et qui le croirait ? c'est de ce point qu'elle aurait envahi l'Europe entière. Ce fait d'une extrême importance semblerait par lui seul démontrer que l'*Oïdium* se communique comme la peste et le choléra, et qu'il voyage selon que bon lui semble, sans s'inquiéter de la nature du sol où il ira séjourner, pas plus que de la qualité, de l'espèce ou de l'exposition du plant qu'il attaquera !... Constatation étrange, mais trop vraie, que l'expérience confirme et rend désespérante pour l'avenir de nos vignes et pour notre bien-être en particulier !...

Observée dès le début par MM. Tucker et Berckley, elle fit rapidement sa sortie et se répandait au loin. En France elle fut remarquée en 1848 dans les serres de M. Rothschild. Puis l'année suivante les côteaux de Surêne et de Puteaux en furent atteints ; en 1851 le mal s'agrandit ; en 1852 il devient presqu'effrayant ; en 1853, enfin, chacun s'alarme et le ressent

1

presque partout !.... En 1851 , la maladie avait déjà sévi dans l'Ain.

Description de l'Oïdium. Chacun a pu apprécier à l'œil la poussière grisâtre d'abord, puis noirâtre ensuite , qui envahit les raisins attaqués ; les botanistes les plus distingués reconnaissent que c'est là une plante parasite du genre le plus redoutable, parce qu'elle se propage avec rapidité comme toutes les moisissures en général. On l'a nommée *Oïdium Tuckéri*, parce que Tucker, qui l'observa le premier, l'a ainsi classée parmi les mucédinées. Le nom de cet observateur a été donné à l'oïdium en l'honneur de ses investigations qui furent les premières connues. D'autres botanistes contestent cette attribution ; M. Bérenger entr'autres, soutient que l'*oïdium* de la vigne est l'*erysiphe communis*; mais, M. Amici, prouve que la mucédinée constitue un nouveau genre non dénommé encore qui le rapproche de l'*erysiphe alphitomorpha ;* en France M. Castagne proposait de le nommer *leucostoma infestans.*

M. Eremberg , de Berlin , adoptant l'opinion d'Amici, reconnaît en effet dans l'*oïdium* un caractère particulier, qui l'éloigne évidemment de l'*erysiphe* , et il propose de l'appeler *cicinobolus florentinus.* Mais comme l'observe M. Victor Rendu (1), le mal sévit par toute l'Europe et non à Florence seulement.

Quoi qu'il en soit , conservant quant à nous, à la mucédinée cruelle qui décime nos vignobles et nos treilles, le nom primitif et trop historique hélas ! qui lui fut donné , il restera en dépit de la science et des distinctions botaniques, et le peuple qui apprit non sans peine à se le classer dans la mémoire ne s'en dessaisira pas facilement. Or, pour être compris il faut s'entendre , et pour s'entendre il faut discourir avec la même langue ! Nous continuerons donc à parler du mal de la vigne sous le nom d'*Oïdium Tukeri.*

Dans les vignes malades, le sarment est tout maculé de taches

(1) *De la Maladie de la vigne,* rapport à M. le ministre de l'intérieur, p. 83.

brunes allongées ; mais c'est sur les bourgeons de l'année seulement qu'on les voit ; elles existent ailleurs sans doute, mais elles
apparaissent moins. La feuille est couverte en dessus et en
dessous, nous l'avons constamment remarqué, d'une poussière
gris-clair, qui augmente en même temps que l'oïdium ; son
tissu en est altéré profondément ; le pétiole devient *cassant
comme du verre*, et la feuille répand une odeur de moisi très-
prononcé qui ne laisse aucun doute sur la nature cryptogamique du parasite qui la dévore. J'ajouterai, que chaque fois
que j'ai observé l'oïdium dès son apparition, c'est sur le feuil·
lage que je le voyais d'abord.

Les jeunes pousses ont l'air d'être prises les premières ; dans
tous les cas elles sont le plus affectées, car elles se crispent
et finissent par se pourrir en automne à l'apparition du brouil-
lard ou des pluies.

Sur le raisin l'oïdium, cendré d'abord, prend des caractères
différents ; il devient noirâtre, se fixe à un point précis du grain,
et peu à peu il est très-adhérent à la pellicule sur laquelle il
vit comme dans un élément naturel. Il l'entoure, l'étreint fortement, et l'empêche enfin de se renfler pour croître et murir.

Il n'est pas rare de voir les raisins les plus envahis se ti-
queter de points noirs et réguliers, puis montrer des grains
comme divisés, par portions géographiques, formant des ilots
séparés entr'eux par un fond plus clair.

On a dit que le raisin envahi de bonne heure (1) se fendille
partout, et laisse apercevoir ses pepins. J'attribue bien certainement cet effet à l'invasion de la maladie, mais je l'ai vu se
produire chez moi en 1851, au printemps, avant que je soup-
çonnasse même la présence de l'oïdium ! En effet, un de mes
voisins m'annonçait que tous ses raisins étaient *éclatés* vers la
fin de juin, et chacun alors l'expliquait à sa façon, mais sans
songer à la mucédinée dont on parlait plus sérieusement sur
d'autres points. Je fus un des premiers chez nous à regarder

(1) Ouvrage précité, page 76.

cet effet comme occasionné par les pluies répétées qu'on venait d'essuyer, et comme dans mon jardin quelques treilles seulement offraient cet accident de grains *éclatés*, je l'expliquai ainsi. — On eût dit des coups produits par la grêle. Quant à la moisissure, on n'en apercevait pas vestige; et, il y a mieux, celles de mes treilles ainsi frappées n'eurent pas d'autre mal cette année-là. Ainsi, l'oïdium apparaît sous d'autres formes que sous celles d'une moisissure. Mes ceps se remirent très-bien; les grains fendillés tombèrent et les raisins mûrirent parfaitement sans autre aggravation de mal.

Ainsi, cet exemple contredirait l'assertion de M. Rendu, en ce qui touche nos localités. En effet, cette première apparition dans l'Ain n'eut pas d'autres suites dans les treilles dont je viens de parler.

Le raisin envahi, lorsqu'il est à moitié ou aux deux tiers de sa grosseur, n'offre bientôt qu'une grappe noire, rugueuse qui se dessèche promptement. S'il a été pris du mal plus jeune, il n'acquiert aucun développement et tombe pourri.

Ce qu'il y a de certain, c'est que dans un raisin devenu gros déjà, le mal atteindra de préférence la rafle et les petits grains avortés, en même temps un ou deux des grains très-gros seront maculés par l'oïdium, et se verront peu à peu infectés partout.

Du reste il semble ne suivre aucune règle, et j'ai vu sur un des raisins très-sains et très-gros l'oïdium se déclarer sur un ou deux grains, négligeant même les petits. Pour compléter encore ce point, nous dirons que, semblable au virus qui infecte un homme, et qui sort de partout comme étant incorporé au sang vicié jusque dans sa source intime, l'oïdium se montre de même sur le bois, sur la rafle, sur les petits grains des gros raisins non malades, et sur ces mêmes grains, isolément d'abord, et peu à peu sur tous, sur les feuilles enfin et en masse!...

Quelle *irruption!* J'emploie à dessein ce mot énergique, car il rend trop bien l'effet de l'oïdium. Comment dire alors que ce n'est pas toute la plante qui est malade; convenons qu'un tel débordement du mal accuse une *prédisposition* morbide dans la plante elle-même , de savants botanistes l'ont pensé (1); nous nous rangeons à leur avis.

M. le professeur Targioni a constaté par une suite d'observations concluantes que le grain du raisin malade reste sain en dessous de l'épiderme cuticulaire, couvert de la mucédinée; alors l'oïdium qui est dans toute la plante, feuilles et bois, ne pénétrerait pas en même temps, on peut le supposer du moins, tout le raisin lui-même. Mais il est impossible de ne pas voir qu'en empêchant le grain de croître et en vivant comme parasite de sa propre substance , il la vicie peu à peu , ce qui arrive à le faire se dessécher, si le mal l'a envahi trop tôt avant qu'il ne change de couleur !...

Quand le raisin n'est malade que lorsqu'il arrive aux deux tiers de sa grosseur, vers la fin d'août, par exemple, la maturité, progressant peu à peu, le préserve bientôt jusqu'à ce que, devenu transparent, il défie avec certitude toutes les substances morbides qui le couvrent; heureuse exception pour le propriétaire! circonstance précieuse à laquelle je devrai, cette année encore, de savourer quelques bons chasselas!. . Mais l'an qui vient, que faire? car je m'attends à voir le mal s'augmenter aussi chez moi !

Autres caractères propres à l'oïdium. — Ces indices caractéristiques de l'oïdium ne sont pas les seuls.

Nous remarquons en effet que dès le premier printemps les vignes atteintes offrent des signes particuliers qu'il est bon de rappeler.

Le sommet des tiges est comme entaché de coups de grêle, au point que plusieurs personnes m'ont soutenu que ces caries ne provenaient. L'erreur est facile à démontrer; aucune grêle n'est tombée dans mon jardin , et j'ai des sarments couverts de ces taches, en dessus et en *dessous*, où la grêle n'a jamais frappé. Le jeune bois en est profondément atteint et les feuilles

______

(1) MM. Léveillé, Bérenger, Amici; voir le rapport de M. Vict. Rendu, page 34.

aussi ; elles se dessèchent peu à peu, et la carie augmente ses ravages sur les feuilles et sur le jeune bois. J'ai vu une treille immense de muscat, qui périssait par cette même *carie;* les raisins en étaient maculés aussi, mais pas de traces de moisissure en aucune partie.

Je regarde cette affection comme le précurseur de l'oïdium ; c'est la funeste avant-garde qui se convertira l'an prochain en un degré plus fort du mal, et qui amènera la perte presque certaine du cep envahi.

Le *rouget* a été regardé aussi comme une période de l'oïdium. Nous avons vu plusieurs fois cette affection sur quelques ceps, mais sans nous y arrêter beaucoup, car les plants qui en étaient atteints ne nous ont pas offert d'oïdium prononcé.

Pour terminer je dois mentionner encore un autre effet du mal que l'on a signalé dans quelques-unes de nos vignes de Bresse, au printemps de 1853.

Ce sont des boursoufflures qui se montrent sur les feuilles et qui sont dues à la présence d'un cryptogame tenace et resserré en groupes en dessous de ces mêmes feuilles. Cette végétation *sétacée,* blanchâtre, est inodore, presque sèche, et pourtant elle s'étend au loin en s'élargissant. Les petites plaques s'allongent ; il en naît aussi de très-minimes dans le voisinage des grandes avec lesquelles pourtant elles ne communiquent pas.

Est ce un indice d'oïdium et un premier degré du mal ? Cette question intéressante sera traitée par nous au N° 2.

Chose remarquable, ce sont les vignes en treille qui ont été malades les premières ; et parmi les plants en espaliers, les raisins blancs ont été pris la première année. Il est assurément fort difficile de se rendre compte d'un phénomène aussi singulier qui déroute toute la science horticole. Dira-t-on que les plants abrités sont exposés à la sécheresse, recouverts qu'ils sont d'ordinaire par un auvent ou un toit ; qu'ils ne reçoivent pas assez d'arrosement, et sont plus disposés, de même que le poirier en espalier, à devenir maladifs, comme ce dernier qui se couvre de gale-insecte à certaines expositions trop chaudes contre les murs? Mais il y a un grand nombre de vignes malades qui sont sans chaperons et que la pluie arrose complètement; seulement l'appui du mur les empêche de se développer en racines d'une manière uniforme, et le mur absorbe sous terre une partie de l'humidité.

Pour l'ordinaire, un arbre à fruit, souffrant ou délicat, demande l'espalier et l'appui d'un mur pour prospérer. Ici c'est à ce même mur que nous devons d'avoir des vignes *oïdiées*... et qu'on se le rappelle, c'est dans une serre chaude anglaise que notre mucédinée a paru d'abord, dans une serre où les ceps bien abrités étaient garantis du froid!... On pourrait objecter que précisément c'est dans un lieu pareil que la vigne a dû souffrir, parce que sa végétation était contrariée par une précocité artificielle et par la privation des bienfaits atmosphériques! J'admettrais entièrement ces explications si dans nos treilles aérées l'oïdium ne se montrait pas vainqueur! Nous l'avons dit, ce gisement du mal est inexplicable; il l'est d'autant plus encore, qu'en 1853 même, nous pouvons montrer non-seulement des treilles vierges du cryptogame affreux, mais des ceps qui touchent depuis trois ans leurs voisins malades sans être atteints! Alors que, dans le même jardin, il y a des ceps en *vigne basse* qui sont pris dejà, et l'on sait que ceux-ci ont presque partout résisté pendant les deux ou trois premières années de l'invasion.

II.

CETTE MALADIE A-T-ELLE DÉJÀ PARU?

Les anciens ont parlé d'un mal survenu à la vigne, mais ses caractères ayant été mal décrits, on ne peut asseoir de comparaison pour établir une identité. Il est très-difficile de reconnaître dans ce qu'ils en disent, des effets semblables à ceux produits par l'oïdium ; qu'on nous permette donc de ne pas allonger notre travail succinct, par des citations d'auteurs anciens, chose qu'il serait facile de faire pour traiter de l'historique des remarques faites pour démontrer une existence antérieure d'un mal de la vigne.

Je me bornerai à rappeler un fait qui m'a frappé. En 1853, au printemps, les feuilles ont offert un caractère maladif que je n'avais pas vu encore depuis l'invasion de l'oïdium ; elles se boursoufflaient par zônes plus ou moins étendues, presque comme des feuilles de laitues. Cet effet était dû à une sorte de végétation cryptogamique, d'abord d'un jaune blanc, puis plus foncée au bout de quelque temps ; je ne puis comparer mieux ces petits amas granulés, qu'à une légère pincée de sable. Leur nature est molle, mais sèche ; ayant essayé de les humecter plusieurs fois avec le mélange alcoolique, qui m'a réussi pour laver les raisins les plus atteints (1), je n'ai pu les faire disparaître. La végétation d'abord très-restreinte, augmentait à chaque point bullé, en s'élargissant de trois ou quatre centimètres. Était-ce une conséquence de l'oïdium ou une éruption particulière et indépendante? Je ne sais, mais plusieurs de mes voisins l'observaient sur leurs ceps en même temps que moi. Si l'on considère que ce n'est qu'à la troisième année de l'invasion de la maladie de la vigne que ces bulles se sont montrées chez nous, on serait amené à dire, que ce n'est pas l'oïdium qui les produit : toutefois il faut en conclure que chez quelques propriétaires, les bulles se sont montrées dès la deuxième année, mais en faible quantité ; d'où il suit que l'oïdium lui-même n'apparaissant qu'avec une gravité graduée, les bulles augmentent aussi d'intensité en même temps que l'oïdium lui-même et ne seraient alors qu'un de ses accessoires.

Mais voici pourquoi j'insiste sur ces feuilles bullées ; c'est que je me rappelle très-bien avoir remarqué cet effet il y a plus de 30 ans, sur des vignes du Bas-Bugey, alors que l'on était

(1) Je le décrirai à la fin.

loin de songer à l'oïdium ! La première fois que j'ai vu des bulles semblables en 1853 , je fus profondément surpris et je me dis : l'oïdium était déjà inoculé par la nature à nos vignes qui, sous des conditions favorables d'atmosphère et de santé, n'ont pas été altérées jusqu'à ce jour ! Je livre cette remarque aux *oïdiophiles*, qui diront peut-être avec nous : la maladie de la vigne a déjà paru.

Autre observation. — Un cep de raisin noir, précoce, placé contre une chaumière, à l'exposition du matin, abrité par un toit qui surplombe de 50 centimètres, était malade en 1850 ; on remarquera cette date. Le feuillage languissait , le cep végétait mal et les raisins abondants , restaient gris et comme tavelés du roux qu'on voit souvent sur les fruits à pepins ; en 1851 le mal augmenta, et en 1852 aucun raisin ne devint noir ; tous étaient gris-fauve ; les grains semblaient rétrécis sous l'étreinte de cette affection parfaitement lisse et sèche adhérente à la pellicule ; on ne pouvait là rien voir de pareil à *l'oïdium*, pas de poussière ni de moisissure. Cependant quand l'oïdium augmentait ailleurs et couvrait tout de sa poussière , le cep exceptionnel devenait plus roux et a fini par périr.

Est-ce encore là une phase de l'oïdium ou une affection particulière ? Je suis obligé de dire que je n'ai pas vu d'autres ceps atteints de ce roux : mais il a régné et augmenté avec lui. Ces accidens de bulles et de roux s'ils sont considérés comme causés par l'oïdium , tendent à corroborer l'opinion émise déjà par *Targioni* en 1766 , que l'oïdium était apparu en Toscane ; ce savant compare le mal qu'il a observé aux effets de la *cuscute*, et l'attribue à l'humidité de l'air (1). En lisant sa description, on convient qu'elle contient tous les caractères de notre parasite actuel.

M. Dupuis, observait près Lyon en 1834 , une maladie des raisins ; était-ce un avant coureur de l'oïdium ? pour nous , il paraît très-admissible qu'un fléau n'apparaît que là où il trouve

1) De la *Maladie de la vigne*, par Victor Rendu. Paris, 1853 , p. 79.

les éléments nécessaires à son existence. Les maladies contagieuses naissent , l'expérience le prouve , dans les centres d'infection qui les déterminent ; le choléra , les miasmes dangereux qui voyagent dans l'air , ne se fixent aussi que là où ils trouvent des éléments qui leur conviennent. Le mal des pommes de terre , celui de la vigne , d'autres végétaux encore (1) ont dû être déterminés par des prédispositions maladives de ces végétaux.

Je le répète , je ne veux pas tracer l'historique complet des maladies de la vigne, ni rechercher si *Pline*, *Théophraste*, et même *Ramazzini*, en 1690 , avaient déjà observé quelque chose d'analogue à ce que nous voyons aujourd'hui.

III.

SON APPARITION DANS L'AIN.

Je ne saurais préciser comment et quand l'oïdium fit son irruption chez nous ; elle fut irrégulière toutefois, et a commencé par envahir les treilles placées contre des murs. L'oïdium ne sévit pas également sur tous les ceps qu'il atteignit. Je remarquai en 1852, chez moi, vingt jours au moins après la floraison, que plusieurs grains éclataient en montrant à nu les pepins qui semblaient grossir aux dépens de la pulpe. J'attribuai cet effet singulier aux pluies répétées qui venaient de régner ; mais chez un de mes voisins, l'affection était plus prononcée et au centre des grains entr'ouverts , la pourriture succédait à cet état morbide ; chez moi , la plaie se cariait et là se borna le mal pour cette année.

En 1851 , nos vignes du Revermont n'avaient pas encore

___

(1) Les haricots, les tomates, les melons entr'autres , souffrent beaucoup depuis que nous avons l'oïdium ; avant c'était fort rare.

été envahies ; les ceps isolés et tenus par des échalas , près de terre où on les recourbe en arceaux, se trouvaient disposés favorablement, à ce qu'il parait pour lutter contre l'oïdium. On le sait, en effet, c'est par les treilles élevées de nos jardins qu'il a commencé ; puis un an après (1852), il descendait en Bresse, sur nos vignes en hautains, qui ont 1 mètre 25 centimètres de hauteur environ ; c'est dans nos plaines et sur ce genre de culture que l'oïdium a sévi en second lieu ; à mon très-grand étonnement, les ceps les plus vigoureux , plant *Chardonné*, raisin blanc , avaient leurs feuilles couvertes de poussière en-dessus et en dessous. Le mal était inégal ; à côté de ceux-ci, les ceps faibles ne souffraient pas encore ; mais en 53, tous ces hautains étaient pris indistinctement. Les vignes basses, dans les mêmes cantons que les hautains ci-dessus, en raisin rouge (Bourguignon, gros plant) ne souffraient pas du tout. Plus tard leur tour est venu.

En 1853, les ceps bas à échalas, du Revermont, n'ont été atteints que légèrement; ceux qui se trouvaient provignés près de terre, n'avaient même pas de mal du tout. La récolte fut bonne; on conseilla de coucher tous les ceps , c'était inutile selon nous; car dans beaucoup d'autres endroits , les ceps bas ont été malades aussi ; seulement l'oïdium y a paru plus tard , chez nous, du moins, et le procédé prôné , était bon pour retarder l'invasion.

Dans le Bas-Bugey, en 1853, l'oïdium sévissait aussi sur les treilles isolées au devant des maisons. Comme la culture de la vigne , dans les environs d'Ambérieu surtout, est toute échalassée en vigne basse, l'oïdium y avait paru à peine, et la récolte fut abondante (1).

A Saint-Rambert, à 10 kilomètres d'Ambérieu, la vigne cultivée en échalas souffrait peu en 1853.

Il est bon d'observer cependant que certains plants délicats avaient souffert déjà; l'on pouvait croire que l'effet de l'hiver

___

(1) *Journal de l'Ain* du 16 septembre 53, p. 3.

s'était fait sentir sur le bois, car je le vis, et les vignerons disaient : *C'est tout noir !* La moëlle était brune et les yeux éteints ; je pense que cet état peut être attribué à l'oïdium, car j'ai cru remarquer qu'il se trahit à l'avance par un malaise plus ou moins grand dans la plante. La vigne éprouve la même affection que d'autres végétaux, ou fruits, ainsi que je le dirai dans un instant, et cet état morbide provient des émanations atmosphériques qui produisent ici la mucédinée, là, se traduisent par la pourriture des plantes ou par le rachitisme et le fendillement des fruits !

En 1852, dans mon jardin, j'avais peu de mal quoique j'y cultive une assez forte étendue de vigne en treilles : les unes élevées, les autres à hauteur moyenne ; celles-ci ont été atteintes les secondes. Mais cette même année quelques jardiniers de Bourg virent leurs treilles noircies et desséchées par le mal. Pourquoi dans le même parcours l'oïdium ne saisit-il pas toutes les treilles ? Cela est sans doute fort étonnant : l'exposition différente, la nature du sol, l'état de santé plus ou moins grand des ceps, sont autant de causes qui peut être expliqueraient cette circonstance !

En 1853, le mal qui l'année précédente ne s'était montré chez moi que sur un ou deux ceps, et pas au point de troubler ma récolte, fit tout-à-coup de rapides ravages. Mes raisins se couvraient de poussière, le fruit étant déjà gros ; toutefois il semble qui l'oïdium ne marchait pas si vite qu'ailleurs, car chez mes voisins les raisins à peine noués étaient déjà couverts de poussière !... Puis comme s'il y avait un moment où l'affection est plus dangereuse, en juillet, plusieurs raisins de seconde floraison (*le julliati*) étaient déjà tout enfarinés aussitôt après la floraison.

Cette même année 1853, des treilles furent si maltraitées à Bourg, qu'aucun remède n'arrêta le mal, et les ceps périrent ; chez moi, quoique très-envahi, le lavage au pinceau sur mes raisins parvenus aux deux tiers de leur grosseur, les guérissait très-bien au même moment où chez d'autres rien ne réussissait plus.

En 1852, dans le Haut-Bugey, les vignes basses furent déjà attaquées ; *la modeuse*, raisin noir, était malade. En 1853, le mal a augmenté ; les raisins blancs étaient le plus atteints. Parmi les variétés cultivées, la *fusette* domine, le *mornain* vient après.

On a constaté sur tous les points du sol français les effets les plus contradictoires. Ici ce sont les raisins noirs qui souffrent le plus, là ce sont les blancs !

Il est bon de noter que les plants fins et délicats semblent avoir été presque partout malades de préférence. A ce compte, le muscat blanc s'est toujours, dans l'Ain, trouvé le plus accablé. J'ai vu un grand mur de maison, au sud, couvert par deux ceps de muscat blanc, dévoré en 1852, et en 1853 par l'oïdium. Cette dernière année, la deuxième de l'invasion pour eux, ils étaient tellement noirs, qu'on allait les arracher. On les laissa ; mais je l'ai dit, en 1853, aux premiers jours de la sortie des bourgeons, on était déjà frappé de l'aspect désolé de ces ceps succombant sous la carie !

IV.

OBSERVATIONS ET ANOMALIES.

Il est des phénomènes inexplicables devant lesquels la raison s'incline et respectant le mystère qui les cause, on se borne à les constater. L'homme se perd en conjectures et finit par reconnaître son impuissance. Mais il lui est permis de s'établir observateur, car il doit compte à son pays de ses veilles et de ses investigations.

J'ai un cep de raisin noir qui ne fut atteint qu'en 1853 ; il est adossé à un mur pour une moitié ; une division s'étend sur le sommet d'un autre mur de rempart exposé au midi, où il forme un contre-espalier, aéré des deux côtés, comme on le voit. La partie adossée au mur de maison a été seule atteinte de l'oïdium en 1853, et très-fortement; mes lavages y ont peu produit d'effet; la partie au contraire qui forme contre-espalier n'avait pas de mal, et pourtant elle partait du même pied, qui était lui au pied du mur, au levant : elle n'en était qu'une bifurcation.

Cette année 1854, cette partie est saine encore, l'autre n'a pas résisté à l'hiver; elle est desséchée; l'oïdium l'a ruinée; la vie s'en est retirée !

Toutefois de légères atteintes ont paru l'été dernier, mais tard, sur ce point resté sain, et je redoute pour cette fois que le mal, contenu jusque-là par quelque cause inconnue, ne finisse aussi par triompher. Je viens de vérifier que les rameaux jaunissent et poussent peu.

Deux treilles de chasselas au levant, les seules malades de toutes celles de mon jardin, ont commencé à l'être en 1852; en 1853 elles faisaient peur. J'ai lavé les raisins, ils ont guéri; mais sont restés brunis par la mucédinée, et les taches du bois sont encore visibles, malgré le froid de l'hiver et mes lavages antérieurs sur les fruits et les feuilles. Il me tarde de savoir ce qu'il en sera cette année 1854; au moment où j'écris, 25 juin, tout est vigoureux.

Dans un second jardin que je possède, attenant au premier, l'oïdium ne s'est montré qu'en 1853, sur quelques points seulement, mais il y a sévi fortement. C'est là que j'avais des feuilles *bullées*, et pas dans mon autre jardin, même sur les ceps les plus malades.

Autre phénomène. -- Un jeune cep de raisin noir, placé au levant, à côté d'un cep de chasselas *malade*, n'avait, lui, aucun mal. Est-ce parce que c'est un raisin noir? Mais il est des localités où les noirs ont été envahis plus fortement que les blancs.

Comme chez nous, au contraire, ce sont les blancs qui ont le plus souffert, on peut admettre que cette exemption du mal tient à la nature du plant, qui est précoce, dirigé en contre-espalier. J'ai du même raisin à la campagne, mais contre un un mur ; il a été atteint fortement en 1853. Et quoique palissé depuis le bas et très-haut ensuite, il fut malade *partout*.

On pourrait conclure que les murs, loin de protéger la vigne, ont été, au contraire, une cause d'envahissement plus subit. L'expérience tend à le démontrer, puisque d'une part, ce sont les treilles qui ont été les premières malades, et que de l'autre elles l'ont été toujours plus fortement ; plusieurs, malgré les remèdes, ont péri en entier.

Dans le Revermont, en effet, on constatait en 1853 que les ceps les plus près de terre n'avaient pas de mal. Mais voici que sur un autre point c'étaient les vignes *basses* qui souffraient le plus ! Comment concilier ces anomalies ?

On a pensé que certaines émanations végétales pouvaient préserver la vigne de l'oïdium, et l'on conseillait d'essayer des résineux, des huiles de houille, de l'eau de savon, des plantes balsamiques à huile volatile, et autres panacées plus souhaitées que curatives. J'ai le long d'un rempart, et en contre-espalier, des ceps de *chasselas* et du plant de *juillet ;* ils n'ont eu de mal qu'en 1853. A leurs pieds croissent en plein midi, bien saturées d'arôme, par un soleil des tropiques, des plantes odorantes : la grande *armoise*, la *pimprenelle*, le *millepertuis*, *l'achillée sternutatoire*, et surtout en abondance *l'origan vulgaire* que mes abeilles dévorent en fleur ; doit-on penser que les émanations sanitaires de ces précieux végétaux ont été pour quelque chose dans l'inocuité de l'oïdium qui se montrait tard sur ces vignes, et seulement sur les deuxièmes fructifications et sur le feuillage ? Le bois souffrait peu et présentait rarement des maculations.

Je ne puis le regarder comme un fait constant, si je considère que partout, chez moi, les autres ceps en contre-espalier ont peu souffert, même en 1853 : qu'en sera-t-il en 1854 ?

Le mal n'apparaissait qu'en août, je le répète, et sur les deuxièmes productions : deux ceps de morillons n'ont même jamais eu de mal.

Ainsi ce sont les murs, et surtout ceux qui ont un chaperon saillant, qui ont présenté les ceps les plus malades.

Voici encore une autre anomalie : J'ai un beau cep qui tapisse un mur au matin, lequel cep est protégé par un chaperon de 40 centimètres : c'est un chasselas; eh bien ! ce favori du temps n'a jamais eu de mal, le bois même est aussi sain que possible ! Tout près de lui les malades ne manquent pas : explique cela qui pourra !

———

V.

RÉFUTATION DE QUELQUES ERREURS.

Pendant quelque temps chacun a dit son mot sur l'oïdium, et plusieurs ont pensé y voir très-clair. Nous croyons devoir passer sous silence les opinions diverses des premiers savants de l'Italie, qui ont examiné l'oïdium, et nous n'insisterons que sur le nom de *Tuckeri*, qu'il conservera en dépit de tout ce qu'on pourra dire plus tard sur ce point; car, je le répète, une fois qu'un nom, *circulant avec peine* dans le peuple, a fini par être adopté par lui, il ne le quitte plus.

Les premiers botanistes et physiciens ont reconnu que l'oïdium est une végétation cryptogamique, et que c'est cette production qui cause le mal de la vigne. Cela se touche au doigt et à l'œil; le microscope le démontre clairement. Nous avons été quelque peu étonnés des exclamations subites poussées par un journal lyonnais qui a pensé, dans l'intérêt de la discussion et de la vérité, prêter l'appui de ses colonnes à quelques faits observés par un amateur (1). Le but de l'éditeur est louable, mais qu'il nous soit permis de dire que l'observateur a péché par les conclusions qu'il a tirées. Il a vu sur les feuilles de la vigne quelques petits insectes changer de place, et il lui a

____

(1) Voir le *Courrier de Lyon*, 29 juin 1853.

semblé qu'ils *filaient l'oïdium*, parce qu'alors la mucédinée tapissait déjà le feuillage sous forme de filament. Persistant dans son premier élan, l'auteur a vu les pucerons producteurs du mal se gîter sur l'écorce de la vigne. Leur attribuant les taches livides qui couvrent ses rameaux, puis ayant mis au feu plusieurs sarments malades avant que la vigne eût poussé son feuillage, il a fait éclore une quantité de pucerons. Nous ne contestons pas le résultat, mais nous ne pouvons admettre que ce soient ces pucerons qui causent le mal de la vigne :

1° Parce que les pucerons ne filent pas, ou très-peu si cela leur arrive;

2° Parce que nous voyons une production analogue à l'oïdium sur beaucoup d'autres végétaux sans qu'on y trouve des insectes perforateurs!

On sait que sur la vigne même on voit souvent par milliers cette gale-insecte bombée, qui se remarque depuis long-temps sur certains ceps en espaliers et sur ceux qui sont un peu maladifs; en sorte que les insectes seraient un effet et non une cause qui suivrait les affections maladives des végétaux. Quand un pêcher souffre, les pucerons s'y propagent aussi;

3° Parce que l'oïdium est une moisissure évidente, complète, qui se trahit à l'odeur sur le feuillage, par une poussière presque généralement en dessus, par des fils presque toujours en dessous; sur le raisin, par des réseaux où l'on remarque les séminules du cryptogame et tous ses caractères bien tranchés (1), ses globules de graines, etc...

4° Parce que les taches brunes des rameaux existent sans *pucerons*, et parce que la plante est atteinte jusqu'au pied, et dans sa moëlle. Le bois porte à l'intérieur des taches de roux, et la moëlle est d'un roux très-foncé quand le cep est atteint fortement.

Ainsi tout dénote là des caractères particuliers annonçant

____

(1) Voir le compte-rendu sur la maladie de la vigne, par M. Rendu, où des gravures parfaites suffisent pour convaincre de ce que nous disons.

une affection morbide, interne, produite par un vice constitutionnel; les pucerons ne sont qu'un accessoire, et viennent s'établir sur la vigne comme on en voit sur d'autres végétaux en souffrance, comme étant des parasites obligés, que la nature y établit dans ce cas. Nous avons souvent remarqué de semblables productions sur beaucoup d'autres êtres vivants maladifs, ou sur des végétaux en pareil état.

Enfin, notre opinion déjà manifestée en 1853, en réponse à l'un des articles auxquels nous faisons allusion (1), vient s'appuyer sur ce que dit M. Victor Rendu : « Rappellerai-je encore les insectes considérés comme cause de la maladie? Mais depuis long-temps cette explication malheureuse est abandonnée de tous les bons esprits; notre illustre entomologiste, Léon Dufour, en a fait justice avec sa verve pleine de raison (2). »

M. Armand Bazin vient de faire à l'académie des sciences une communication où il constate la présence d'insectes, pucerons sauteurs, sur des haricots et sur des melons sous cloches (avril 1854); les laitues semées à côté en étaient aussi attaquées.

MM. Charles et Stéphane Bazin ont découvert, dit-on, l'insecte qui infecte les pommes de terre, et qui, suivant plusieurs, causerait la maladie qui les affecte. Je ne sais, mais quoiqu'on affirme que d'autres observateurs consciencieux n'ont pas hésité d'attribuer la maladie de la vigne aux piqûres d'un insecte du même genre, nous ne pouvons nous rendre à cette opinion. Et d'abord, comment, si c'est un insecte qui, piquant ou salissant les fanes de la pomme de terre, produit la pourriture des tiges, comment cela amène-t-il une gangrène intérieure qui n'arrive jusqu'au tubercule que long-temps après qu'on l'a récolté sain? Mais j'ai constaté aussi, en 1851, la présence d'un ver particulier qui rongeait les tubercules cueillis... N'ayant pas vu l'insecte qui doit être plus gros qu'une mouche commune, un coléoptère, à en juger par la larve, je ne puis dire si c'est un insecte qui attaque le feuillage.

(1) Voir le *Journal de l'Ain* de l'époque.
(2) *Rapport*, page 8.

Dire maintenant, en parlant du mal des solanées, de celui des haricots et melons sur couche, produit par un insecte, que la vigne souffre des mêmes piqûres, cela me paraît peu démontré, et j'en appelle à tous ceux qui ont leurs vignes couvertes d'oïdium, sans y trouver à peine un puceron çà et là. J'invoque surtout l'état de la plante, et je dis que des ceps très-gros, dont la moëlle est noire jusqu'en terre, et où l'on voit partout des taches rousses à l'intérieur, jusque sur les racines mêmes, et sans qu'on puisse apercevoir d'insectes, ces ceps, dis-je, ont un autre mal que des piqûres, bien qu'il semble au premier abord qu'une analogie puisse être établie avec le fait des haricots et melons piqués...... Mais l'avenir nous démontrera sans doute la vérité; ne nous hâtons pas de conclure; j'en demande pardon aux observateurs consciencieux cités par un journal (1), MM. Bazin ne penseront pas que ceci s'adresse à eux; mais je les prie de me permettre de douter encore.

Pour plus de démonstrations nous appuierons notre opinion des investigations récentes de M. Milne-Edwards.

Ce savant constate que l'insecte *Bazin* est le *Cicada aptera* de Linnée. Il se résume ainsi : « On aurait tort d'assimiler les taches faites par ces pucerons à celles qui sont déterminées par la présence de l'oïdium sur la vigne!...Les divers insectes, dont la présence a été parfois signalée sur des ceps attaqués par l'oïdium, ne paraissent être en aucune façon la cause de la maladie (2). »

Ainsi, l'oïdium restera un cryptogame : s'il se propage sur la vigne, c'est parce qu'elle souffre à l'avance par des atteintes *invisibles*, ce mot est pour expliquer l'espèce d'anomalie de l'oïdium sur des ceps vigoureux ; il n'est que l'effet du mal. Quant aux insectes qui piqueraient cette même vigne, à l'instar de ceux découverts par MM. Bazin, s'ils existent assez nombreux sur la vigne pour la faire souffrir au point d'y engendrer l'oïdium, cela reste à démontrer. Attendons !

(1) *Moniteur* du 20 avril 1854.

(2) Journal la *Patrie* du 9 juin 1854.

VI.

PRÉVENTIONS POPULAIRES.

Nous placerons ici comme histoire, plutôt que comme moyen de contradiction, ce qui se rapporte aux différentes idées que les gens peu instruits se sont faites sur la cause de l'*oïdium*.

Le peuple attribuait la maladie des pommes de terre à la fabrication et circulation du gaz hydrogène dans les usines pour l'éclairage. Les meilleurs raisonnements ne pouvaient le convaincre, au contraire ; il a fallu qu'en 1853 les pommes de terre fussent moins atteintes et, sur quelques points déjà infectés, totalement guéries, pour arracher de son esprit ce préjugé tenace. En Bresse notamment, les gens de campagne disaient : « Nous voudrions que les bourgeois se passassent pendant deux ans de l'éclairage ; et si après cela nos pommes de terre et nos vignes étaient encore malades, nous dirions que ce n'est pas le gaz qui en est la cause. »

Il était temps que le mal s'arrêtât, car les esprits étaient si montés, que dans une crise politique on les eût exploités avec une sorte d'enthousiasme et de fureur de leur part. Les usines à gaz auraient été pilées !...

Ce que ces heureux désabusés disaient de la maladie des pommes de terre, ils le répètent de la vigne, en attribuant aussi l'oïdium au gaz. Mais leurs préventions se sont saffaiblies en voyant les pommes de terre guéries déjà sur plusieurs points.

Pour faire reste de droit à ce préjugé, je mentionnerai un fait très-important que j'ai *vu* moi-même : un jeune cep, isolé contre un mur de la cour de notre usine à gaz de Bourg, n'avait pas le moindre mal, ni les deux ou trois raisins qu'il portait au mois de septembre 1853 !

Or si le gaz est assez puissant pour influencer au loin toutes nos vignes, comment ne tuait-il pas celle-là !...

VII.

EXPÉRIENCES ET REMÈDES.

A l'époque où nous écrivons, il semble qu'il soit presqu'inutile de traiter ce point de notre sujet. Que n'a-t-on pas fait ou tenté pour guérir la vigne et presque toujours sans succès! Je ne parlerai pas des divers remèdes employés sur toutes les vignes malades; je mentionnerai seulement ce qui concerne celles du département de l'Ain, mon but spécial.

Les aspersions au sulfate de chaux , n'ont produit aucun effet ; je les ai vainement employées à une dose extrême. On conseillait le lavage du raisin à l'aide d'une brosse ou mieux d'un pinceau , avec une dissolution plus ou moins soufrée , cela n'a pas suffi. J'ai lavé le raisin, aspergé fortement le bois et les feuilles, cela n'a rien produit, si ce n'est autant d'oïdium qu'il y en avait déjà !

A Bourg , j'ai essayé d'un mélange de vin et d'eau-de-vie, cette dernière, à la proportion d'un verre par litre , et j'ai frotté , en 1852 , mes raisins moi-même avec un pinceau ; ils étaient aux deux tiers de leur grosseur et très-chargés d'oïdium, je les ai guéris, mais ils sont restés bruns; j'ai dû opérer avec un grand soin pour ne pas laisser de germes , et exprimer à terre très-souvent le pinceau pour en faire sortir les sucs empestés qu'il contenait par suite du lavage. J'avais laissé à côté de ces raisins d'autres fruits sans traitement; le mal ne s'est pas communiqué, mais les raisins non lavés se sont desséchés.

L'un de mes voisins avait fait blanchir à la chaux un mur tapissé de chasselas ; la vigne, atteinte avant cette opération , n'avait pas de mal l'année qui la suivit.

Un autre individu de Bourg s'est borné à arroser souvent avec l'eau simple le feuillage de sa vigne , et ses raisins qui allaient être atteints sont restés magnifiques.

L'eau de savon a été conseillée; un curé de ma connaissance, me signala un vieux et long cep très-malade qui tapissait sa maison, guéri par enchantement : ayant sans trop de soin, jeté souvent sur la vigne l'eau de son plat à barbe , ces lotions l'avaient purgée de l'oïdium au bout d'un certain temps. Ce qui m'étonne dans cette *cure* , c'est que la susdite vigne s'étendait loin et que l'eau de savon n'est tombée que sur un point. Sera-t-il permis de voir une autre cause?

Mais au mois d'août l'eau simple me réussit ; j'ai fait laver ainsi des raisins noirs très-gros, ils se sont parfaitement rétablis; ils faisaient peur avant.

On peut conclure de ce dernier fait et d'un semblable rappelé plus haut , qu'un lavage quelconque est un bon remède et que l'eau simple est efficace; mais je conseillerai toujours de ne pas attendre que le raisin soit au deux tiers de sa grosseur.

On a attribué aux saisons pluvieuses la maladie de la vigne , de même que celle des pommes de terre ; je le croyais aussi, du moins pour les pommes de terres, mais il est arrivé qu'en 1852, une treille maladive, et jaunissant à la fin du printemps, était triomphante et d'un vert superbe après les pluies diluviennes du printemps de 1853; elles ont eu peu de mal, celles du moins qui avaient jusques là été épargnées. Ainsi en voyant ces pluies, je me disais : mes vignes vont jaunir et prendre le mal cette année! Il n'en a rien été : donc la pluie n'est pas la seule cause de l'oïdium, si toutefois elle tend à le produire.

Dans une communication faite en 1853 à la Société d'horticulture de Paris (voir son journal, p. 616) M. Bonnet, de Vizille (Isère) , dit que depuis sept ans qu'il préserve ses pommes de terre de la pluie après la floraison, et alors que les tubercules sont déjà gros, il n'en a jamais eu d'atteintes ; il croit son procédé favorable à la conservation du raisin , attribuant aussi l'épidémie qui l'afflige à la pluie (1).

(1) Nous rappelons ici qu'il importe d'empêcher les pommes de terre de germer pour les préserver du mal; c'est l'opinion entr'autres d'un amateur qui a communiqué en 1854, à la Société centrale d'agriculture, sa découverte des cendres de lignites, dans lesquelles ont met tous les tubercules ou plantes racines qu'on veut conserver

C'est également l'opinion développée par M. Salesse, dans une dissertation précise et logique sur la maladie de la vigne. Il remarque que l'on aura peine à trouver, dans les annales de la météorologie ancienne et moderne, *une période de sept années, aussi désastreusement remarquable sous le rapport de la fréquence, de l'étendue, de la durée et de la violence des perturbations de l'atmosphère* (1).

M. Forêt s'est livré à des expériences, d'où il a cru pouvoir conclure, que la température favorable au développement de l'oïdium, devait être fixée à 15 degrés au-dessus de zéro.

Ce fait se trouve démenti par M. Flantin, qui a cueilli très-sains, le 15 décembre, des chasselas, préservés jusques-là avec des toiles, n'ayant fait usage du soufre que quand il a vu la maladie. Eh bien! M. Flantin soutient avoir parfaitement constaté que quelques traces d'oïdium, étaient du matin même de sa cueillette; il s'ensuit que ce parasite se produit à une température au-dessous de zéro !...

M. Salesse cite un autre fait : Un propriétaire de Bourg, ayant fait badigeonner les murs de ses espaliers en vert, on employa de l'arsénite de cuivre; la pluie lava les murs sur les espaliers qui périrent ; on pensa que la vigne ferait de même ; elle avait aussi perdu ses feuilles par suite du mélange délétère. L'année suivante, elle a été très-belle, chargée de fruits sains, atteints seulement sur quelques grains rachitiques, et au mois d'août, alors que toutes les autres treilles des jardins étaient abîmées par le mal.

Inoculation.—Ce moyen de propagation n'est pas si rapide qu'on pourrait le penser. M. Salesse l'a essayé, il affirme qu'il n'a pu obtenir ce développement du champignon parasite sur des grappes saines qu'avec grande peine. Il a été obligé de revenir constamment sur les mêmes raisins, en les enveloppant à plusieurs reprises d'une *atmosphère de spores* (2) !

(1) *Journal de la Société d'Émulation de l'Ain* de 1853.
(2) *Ibid.*

Nous avons tenté cet essai dans le même temps que cet observateur, mais en faible proportion; des grains couverts de poussière, placés pendant douze jours entre des grappes saines, n'y ont rien fait naître !

Remèdes. — Je n'entreprendrai point d'énumérer toutes les panacées plus ou moins efficaces que chacun a conseillées. Dans un mal aussi grand, tous ont voulu tenter un remède : c'était de droit; mais que de fausses *applications* cette pauvre vigne a subies ! Souvent elle a succombé, non pas au mal, mais au remède : cela devait arriver encore !

Ici l'on disait : La chaux sulfatée a fait merveille ! là elle n'a rien produit; ailleurs tout a péri sous ses émanations acides ! Le remède agissait tantôt sur les raisins blancs et tantôt sur les noirs seulement; ou bien il ne produisait rien sur les uns ni sur les autres, c'était à s'y morfondre. On a conseillé divers engrais, des agents chimiques, le voisinage de tel ou tel végétal; mais jusque-là nous ne savons rien de plus sur leurs effets.

Des ceps ont été déchaussés à nu, d'autres taillés à rez-terre; ceux-ci fumés au crottin de moutons, à la colombine, au fumier de basse-cour, aux cendres de four à chaux, etc., rien n'a empêché le mal.

On a retaillé en été des souches à un ou plusieurs bourgeons; on a écorcé jusqu'au bois, on a effeuillé aussi d'autres cépages, tout est resté sans effet; enfin le soufre, aujourd'hui administré avec succès, a été dès l'abord essayé en fumigations, en lotions ou en aspersions, par M. Cambon, viticulteur de l'Hérault, et sans résultat encore.

Parlerai-je de l'incision annulaire et des scarifications à la souche? Non, car ce furent deux nouvelles déceptions ! Et en nous résumant sur ce point, nous dirons avec M. Victor Rendu (1) : « Je ne connais pas une seule recette, même parmi

____

(1) Ouvrage précité, page 100.

celles qui jouissent du meilleur renom, à laquelle on ne puisse opposer des fais contradictoires. »

Enfin, une société du Midi, en 1853, a proposé un million à celui qui trouverait un remède pour guérir la vigne, et ouvert un concours pour exciter l'émulation des savants, espérant voir surgir un inspiré du Ciel qui, aussi puissant que lui sur ce point, pût dire au fléau : *Pars, je te l'ordonne de par Esculape et mon cerveau!* vain espoir, le mal ne finira pas par la main de l'homme ; il pourra l'atténuer, faire aux ceps de nos contrées ce que la médecine fait aux hommes, c'est-à-dire prolonger leur existence de quelques heures ; mais c'est là tout ce qu'il nous est donné d'espérer ! Je le demande, le choléra part-il à volonté? Pouvons-nous, en le combattant un peu sur quelques points, l'empêcher de revenir quand il plaît à Dieu ! Les pestes du Levant se guérissent-elles par la main de l'homme? Tous nos parasites, en un mot, les fièvres nombreuses et persistantes dans certains pays, ne sont-elles pas là toujours pour nous rappeler notre impuissance ?

Le *Courrier de la Gironde*, de février 1854, apporte son tribut pharmaceutique : il nous signale un praticien qui, par façon de remède, proscrit la taille longue, « comme énervant le cep et portant aux extrémités le développement du bois à fruit, tandis que la partie moyenne donne des avortons inutiles ou reste nue. »

La culture en hautains dans plusieurs parties de la France serait ainsi interdite par cet agronome. Mais comme avant l'invasion du mal on a cultivé en treilles de père en fils, et que l'auteur ne prouve pas que l'*oïdium* soit né de cette taille longue, prétendue vicieuse, nous ne nous arrêterons pas au mode proposé de tailler toujours, comme il le conseille, à 5 bourgeons pour les ceps faibles, et à 7 ou 8 pour les forts.

D'un autre côté, beaucoup de nos vignes basses sont taillées, de temps immémorial, à 2 ou 3 yeux seulement ; l'oïdium s'y montre comme ailleurs ! En Bresse, le bois des vignes basses notamment y est si noir, en quelques lieux, qu'en 1853 on était résolu d'arracher des vignes entières.

C'est vainement, j'ose le dire, que ce nouveau praticien croit arriver à l'*Emancipation* de la vigne, par une taille très-courte en rabattant l'extrémité autant que possible, en abaissant la membrure très-près du sol, en asseyant même la taille sur du faux bois, et cela pour un an au moins.

Nous le dirons ci-après, le mal étant dans toute la plante, revient sur les jets de *ce bois court*, sur des ceps rapprochés à rez-terre même, tout aussi bien qu'auparavant, et avec une force si grande et si subtile que notre estimable confrère, M. A. Salesse, croyait y voir une reproduction spontanée, en dépit des savants qui repoussent toute création de ce genre (1)!... Comment ne pas voir une existence spontanée dans un fléau qui paraît tout à coup *très-intense?* « Dans les endroits élevés la maladie a éclaté *comme la foudre*, hier aucun mal, aujour-tout est envahi, » dit dans son rapport M. Rendu, à l'occasion de l'invasion de l'oïdium sur un point de l'Italie (1)..

Pour arriver à un but très-louable, la *Société d'encouragement pour l'industrie nationale*, a ouvert un concours le 1er juillet 1853, et a proposé des prix superbes et des récompenses bien flatteuses, à ceux qui découvriraient des remèdes pour la vigne, et même aux mémoires spéciaux qui lui seraient adressés sur l'histoire du fléau et de son invasion.

C'est à ce concours, que nous devons d'avoir pris la plume; mais pendant nos investigations nous avons cru le remède trouvé par l'annonce de divers journaux, et nous nous sommes trop hâté de suspendre notre travail que nous préjugions inutile. Ayant repris la suite de cette étude, mais trop tard pour le concours, nous avons pensé qu'elle pourrait toujours être consultée avec quelque fruit dans nos contrées, ne fût-ce qu'à titre d'histoire.

Ainsi le remède ne se trouvera pas! En attendant, nous devons signaler ici le seul procédé à employer pour sauver la récolte; quant aux ceps, ils ne se guériront que d'eux-mêmes, c'est-à-dire par le secours d'en haut!

(1) Voir sa *Notice, Journal de la Société d'Émulation*, 1853. (2) p. 50.

Je l'ai dit, le mal procède de plusieurs causes à nous inconnues : s'imaginer qu'il n'y en a qu'une seule serait une erreur ; il est dans la fibre même et dans tous les atômes de la plante ; nous avons vu celle-ci atteinte jusqu'aux racines, la moëlle étant noire et des taches rousses, çà et là, répandues à l'intérieur même du bois, comment des lotions sur les branches et les feuilles peuvent-elles guérir un végétal si perclus de virus et de gangrène ?

Voici le seul remède efficace et bien certain aujourd'hui : A Thomery, le soufrage est appliqué à toutes les vignes. Le soufre réduit en poudre bien sèche (la fleur de soufre elle-même doit se vendre partout) est projeté à l'aide d'un mécanisme ou à la main, par *allée et venue*, afin que tous les plants d'une vigne puissent être mieux atteints. On soufre à trois reprises chaque année. Le *premier* soufrage se fait dès que les bourgeons ont quelques centimètres, le *second* après la floraison, et le *troisième* quand le raisin varie. On pense que l'opération faite à midi convient mieux, mais les aspersions du matin et du soir sont très-bonnes aussi pour que l'humidité de l'air et des pampres favorise l'adhérence au feuillage. Prenant un terme moyen et reconnaissant avec l'expérience que la chaleur est très-propice pour l'efficacité du remède, je soufrerais à 9 ou 10 heures du matin ; alors la rosée n'est pas partie entièrement et le soleil est déjà brûlant, ce qui favorise l'opération et semble tout concilier.

Ce procédé, aujourd'hui seul adopté, est dû à M. Rose Charmeux, de Thoméry ; en 1853, tous ceux qui l'ont employé comme lui se sont aidés à verser sur Paris un million de kilogrammes de raisins superbes ; deux ou trois incrédules seulement de la localité ont vu leurs vignes noircies par le fléau, sans produire un seul raisin mangeable.

C'est dans un rapport présenté au ministre de l'agriculture en 1854, que M. Victor Rendu proclame ces résultats certains (1). Nous nous empressons de les faire connaître, en même

(1) *Moniteur* du 9 avril 1854.

temps que le remède ; mais nous sommes bien convaincu que quelques propriétaires seulement le pratiqueront ; la grande masse, vouée aux fatalisme et à l'inertie, regardera faire et attendra le secours du Ciel !

VIII.

COMMENT FINIRA LA MALADIE DE LA VIGNE ?

On s'accorde assez bien, selon moi, à proclamer que l'oïdium n'est que l'effet d'une cause occulte ! Parasite nouveau, son règne ne s'établit comme tous ceux que nous connaissons, que sur des êtres maladifs ou languissants à un titre quelconque, et partant de cette donnée pour laquelle nous penchons avec conviction, on peut dire que le mal ne disparaîtra qu'avec la cause. Jusqu'ici nous ne combattons que l'effet, c'est tout ce qu'il est permis de faire. Où est la cause mystérieuse qui nous confond tous ? Elle promène son pouvoir désolant pour notre faiblesse dans ces mêmes régions qui en récèlent tant d'autres aussi imperceptibles pour notre esprit ! On est donc tout naturellement amené à dire que le mal finira comme il est venu. Cet espoir qui nous est donné sera peut-être plus prompt qu'on ne le pense.

Voici quelques observations que je soumets à l'appui de cette opinion :

L'oïdium a *commencé* par les treilles élevées des jardins ou des serres ; il est *descendu* après dans les vignes en contre-espaliers, soit hautains ; puis en 1854, il tombait dans les vignes basses ; qu'a-t-on pu voir alors ? c'est que les premiers ceps qui ont guéri *tout seuls*, j'insiste sur cette expression, ont été ces mêmes treilles, non pas toutes à-coup-sûr, mais c'est là que la guérison a commencé pour la vigne, dans l'Ain surtout ; puis les autres espaliers, les vignes moins éloignées du sol, ont repris leur santé sur différents points ; maintenant viendra un peu plus tard le tour des vignes basses. Ainsi l'oïdium , suit pour disparaître une marche régulière et graduée ; il procède logiquement, en un mot.

Si l'on me conteste ce que j'avance, je dirai que j'en ai fait la remarque dans le département de l'Ain, en recueillant ce que j'entendais dire sur divers points.

Voici encore un fait plus concluant : à Belley (Haut-Bugey) , le sieur Deschamps , serrurier, a , dans la ville même et devant sa maison, un cep très-volumineux qui , en 1852, était si malade, qu'il était devenu noir comme le charbon de sa forge et qu'on se disposait à l'arracher suivant l'avis de chacun.

En 1853, ce même cep montrait une verdure luxuriante , chargée de grappes qui ont mûri sans la moindre trace du mal; la vigne, en un mot, était radicalement guérie; aussi tout Belley s'y est-il porté avec une curiosité bien sentie et bien légitime !

Cette vigne a donc guéri sans le secours de personne ; inutile de dire que notre artisan n'y a jamais pratiqué aucun remède !

Ce fait n'est sans doute pas isolé; il me semble capital et promettre un jour la guérison de la vigne, car ce qui a lieu une fois peut et doit se reproduire plus tard !

On le voit encore , c'est une *treille élevée* qui est la première guérie.....

Un troisième fait vient corroborer ce que nous disons ;

Un propriétaire de *Montjuly*, en Revermont (Ain), remarqua en 1852 que l'oïdium avait envahi plusieurs ceps de *Chétuan* , au milieu de sa vigne très-étendue et composée entr'autres de plants plus délicats, savoir du *Mescle* (1) et du *Chasselas*; il se

---

(1) **M.** le comte Odart, qui nous a fait l'honneur de citer notre brochure : *De la Culture de la Vigne dans le département de l'Ain*, commet une erreur en équivoquant sur des noms de raisins. Le *Mescle* du Revermont est le *Pulsart* de la Comté; nous parlions avec éloge du *Pelossart* du Bas-Bugey, raisin noir, à grains ronds et charnus; il a dit que ce pelossart était celui de la Comté ; quand des praticiens aussi forts se trompent avec autant de laisser aller, que doit-on attendre des autres sur la monographie du raisin ?

résignait à voir ce mal sévir bientôt partout. En 1854, la vigne malade était guérie et les autres ceps ne furent pas atteints du tout! Ce fait est bien remarquable et tend à démontrer que l'oïdium ne sévit et ne s'arrête que sur les plants prédisposés au mal à un titre quelconque! Il en est ainsi des épidémies qui ne prennent que les êtres maladifs ou affaiblis!

On a cru devoir publier, au printemps 1854, que, dans le Beaujolais, la vigne ne montrait plus de traces noires d'oïdium, et que le froid l'avait guérie. On aurait dû se borner à constater l'effet sans y donner cette cause; je ne puis l'admettre, car le froid a été aussi intense dans l'Ain et ailleurs que dans le Beaujolais, et pourtant nos vignes sont encore toutes maculées, et annoncent certainement l'oïdium pour l'an de grâce 1854!...

Dès les premiers jours de juin 1854, plusieurs treilles offraient déjà à Bourg (Ain), située par les 46 degrés de latitude, des traces de l'oïdium et cette année la vigne est en retard de fleurir! C'est là un avant coureur effrayant qui n'annonce pas de sitôt, peut-être, la cessation du fléau. Mais nos horticulteurs en progrès vont insuffler de la fleur de soufre à l'aide du nouveau soufflet inventé pour cela. Chez moi, l'oïdium se maintient en retard, et à cette même date je n'aperçois rien encore sur mes ceps qui étaient le plus malades l'an dernier; je ne vois çà et là que quelques boursoufflures de feuilles et de légères caries très-rares. C'est toujours à la St-Jean, quand le raisin est pendant, que je remarque les premières traces d'oïdium, et seulement sur trois ou quatre de mes ceps nombreux!

Si ce n'est pas le froid qui rétablit la vigne en Beaujolais, on pourra remarquer encore que voilà d'autres vignes guéries par le seul pouvoir du temps! Nous nous emparons de cette circonstance pour appuyer notre opinion!... Ces faits sont importants; on doit les peser et les méditer.

MALADIES CONTEMPORAINES DE L'OÏDIUM.

Il n'est pas hors de propos d'établir l'analogie que peuvent avoir avec l'oïdium toutes les affections morbides des autres végétaux. Ainsi, parmi les arbres, nous avons remarqué, en 1852 et 1853 surtout, les cerisiers, les saules, les peupliers d'Italie, souffrants d'un mal général qui, dès le printemps, desséchait leur feuillage et les faisait paraître comme rouillés. Je citerai principalement les peupliers d'Italie des environs de Nantua, pays de montagnes, qui, chaque année, dépérissent dans leur feuillage, et cela depuis qu'on parle de l'oïdium.

Les plantes sont en grand nombre aussi ; les melons se sont affaissés au plus fort de l'été sous l'influence d'une carie gangreneuse et humide qui couvre le tronc du rameau ; les bouts de jets tombaient également flétris et noircis... Le fruit, enfin, se tachait et se creusait sous la pression de ces taches dévorantes. Les tomates, en 1852 et 1853, se sont vues atteintes aussi de pourriture au plus fort de leur végétation ; les fruits, déjà variés, n'ont pu atteindre leur maturité et tombaient en poussière avec toute la plante sous la même affection.

Les haricots ont eu leur tour.

En 1854, au 15 mai, la mâche, déjà en graines, s'est couverte, chez moi, d'une moisissure infecte et répandue sur toute la plante ; cependant je n'ai remarqué le mal que sur une faible étendue, mais allant de proche en proche et contre un mur, aux pieds de deux forts ceps de vigne qui, en 1853, avaient été très-malades ! Serait-ce ici le cas d'établir une coïncidence avec l'oïdium ? On ne saurait nier, jusqu'à preuve contraire, au moins, que les mêmes causes atmosphériques qui nous ont dotés de l'oïdium ne soient les mêmes que celles qui ont produit cette moisissure, et cela soit dit, sans s'arrêter à la découverte de MM. Bazin, qui croient que le mal de la vigne, de même que celui des melons et des haricots, comme nous l'avons du reste sus-rappelé, proviendrait de la piqûre de quelques insectes ! Cette expérience ne nous satisfait pas encore, et elle nous parait incomplète dans ses démonstrations.

Ainsi les mêmes causes produisent les mêmes effets, et l'air régnant étant favorable à l'oïdium, l'a été aux autres affections des végétaux depuis l'apparition de ce dernier.

Les fruits auront leur tour ; beaucoup ont montré, depuis 1852, des taches, des gerçures, des dispositions plus générales de se gâter de bonne heure, que nous n'avions pas encore vues auparavant ; en 1852, des calvilles rouges à plein vent, d'ordinaire très-saines, étaient remplies de taches noirâtres, parfaitement identiques avec certains lichens ; puis aussitôt la pourriture a commencé autour de chacune de ces lésions tenaces et renfoncées. Des reinettes vertes étaient affligées de la même manière et je n'ai pu les conserver assez pour les manger mûres.

Si l'on ajoute à tous ces maux celui de la pomme de terre, et si l'on considère qu'ils ont paru tous quand l'oïdium, il me semble que ce rapprochement est bien fait pour leur attribuer à tous une cause commune !

Pour terminer enfin, je signale encore l'effet très-probable d'une atmosphère anti-végétale, qu'on me passe ce mot, sur la production des champignons dans les champs. Depuis qu'on parle de l'oïdium et du mal des solanées, les champignons comestibles tels que : la truffe, la morille, l'oronge, l'agaric et autres ne se trouvent plus dans le département de l'Ain, là où je les récoltais avec abondance. Il est difficile de ne pas assimiler ce fait avec ceux dont nous nous sommes occupé dans cette Notice !

A. SIRAND.

REVUE AGRICOLE ET HORTICOLE.

PROGRÈS ET NOUVELLES.

I. Drainage; nouvelle loi. — II. Oïdium. — III. Pommes de terre.
— IV. Maïs nain. — V. Betterave. — VI. Topinambour. — VII.
Fumier frais. — VIII. Machine à battre. — IX. Taureau Durham.
— X. Pisciculture. — XI. Vers à soie. — XII. Animaux domestiques
nouveaux. — XIII. Coqs russe et cochinchinois. — XIV. Elevage
des dindons; remède sûr. — XV. Abeilles. — XVI. Le mélilot,
employé pour conserver les vêtements contre les punaises. —
XVII. Horticulture; ses progrès. — XVIII. Quelques légumes
nouveaux. — XIX. Cloque des pêchers; remède nouveau. —
XX. Société protectrice des animaux, fondée à Lyon.

I.

DRAINAGE; NOUVELLE LOI.

Pendant que le *drainage* se glisse dans nos terrains et que
nos fabricants de tuyaux sont accablés de commandes, chacun
s'empresse d'introduire dans ses champs cette excellente méthode
d'assainir ses propriétés. Le département de l'Ain s'est empressé
d'essayer ce nouveau procédé, et tous nos tuiliers livrent
chaque jour d'énormes quantités de tuyaux. Ils sont pourvus
d'appareils perfectionnés qui ne laissent rien à désirer. Nous
leur recommandons toutefois, ainsi qu'aux fabricants de *drains*,

3

qui plus tard les suivront, une courte notice de M. Dubost, ingénieur draineur du gouvernement pour l'Ain, aussi utile qu'elle est précise, sur les soins nécessaires pour bien confectionner les tuyaux à drainer. Elle a été lue le 14 juin dernier à la Société d'Emulation de l'Ain, qui en a ordonné l'insertion dans son Journal et un tirage à part pour être distribué aux tuiliers présents et futurs du département.

On devra consulter aussi le *Manuel de drainage* par M. Lamairesse, ingénieur. Ce livre a été publié à Bourg; on y trouvera des notions utiles que l'expérience est appelée sans doute à rendre plus efficaces et certaines.

D'après la loi qui vient d'être rendue, « tout propriétaire qui veut assainir son fonds par le drainage, ou un autre mode d'assèchement, peut, moyennant une juste et préalable indemnité, en conduire les eaux souterrainement ou à ciel ouvert à travers les propriétés qui séparent ce fonds d'un cours d'eau, etc. (Art. 1er.)

« Sont exceptés de cette servitude, les maisons, cours, jardins, parcs et enclos attenant aux habitations. »

Cette loi est bonne; mais il nous semble qu'il sera fort difficile d'évaluer l'indemnité à accorder aux propriétaires traversés; il est des dégâts que rien ne peut payer. Nous passons sous silence d'autres dispositions de la loi qu'on pourra consulter mieux, le cas échéant.

II.

OÏDIUM.

Ce fléau, qui nous a déjà causé tant de mal, a disparu sur quelques points; nous devons espérer que la Providence nous en délivrera tout-à-fait. Des treilles se sont guéries sans avoir été fatiguées de remèdes. Des vignes basses, envahies en partie, se sont tout d'un coup trouvées aussi abandonnées par l'*oïdium !* Beaucoup de cultivateurs et d'amateurs ont essayé cependant de guérir leurs ceps avec une foule de procédés que l'on vantait tour à tour, aucun n'a réussi complètement comme la fleur de soufre simplement répandue à sec, à midi, sur toute la plante. C'est à *Thomery,* pays où la culture du raisin de table est faite en grand, que cette méthode a réussi entièrement. On soufre, à l'aide d'un soufflet inventé pour cette opération, à trois reprises différentes, à l'heure de midi et par la chaleur :

1° Dès que les bourgeons ont quelques centimètres ;

2° Au moment de la floraison ;

3° Quand le raisin varie.

Quant à ceux qui liront trop tard cet article, nous leur conseillons encore de laver leurs raisins à l'aide d'un pinceau, avec de l'eau de savon bien battue ; cent grammes dans un litre d'eau suffisent ; quand le liquide est employé, on en remet sur le savon qui n'est pas dissous, et l'on continue l'opération.

III.

POMMES DE TERRE.

On n'avait jusqu'à ce jour trouvé aucun remède contre la maladie des pommes de terre ; l'expérience avait appris que la récolte faite avant la maturité était le seul moyen efficace. Nous le voyons tous les jours. En 1855, les tubercules se sont bien conservés ; mais pour moi j'ai reconnu qu'ils n'étaient pas farineux comme de coutume, et j'en conclus qu'ils étaient encore malades. Toutefois on reconnaît que la maladie a diminué, que dans beaucoup d'endroits elle a disparu, et nos cultivateurs consolés n'accusent plus le *gaz* d'être la cause du mal. Nous conseillons cependant de récolter toujours de très-bonne heure avant que la plante commence à sécher, aux premiers jours d'août, par exemple, et de semer des espèces très-précoces. L'excellente pomme de terre *Marjolin*, très-hâtive et rentrée de bonne heure, n'a jamais eu de mal, et elle présente chaque jour aux jardiniers, ainsi qu'aux consommateurs, une très-grande ressource ; mais cette année elle est déjà envahie aux premiers jours de juillet.

IV.

MAÏS NAIN.

L'introduction de ce précieux végétal a fait en Bresse des progrès rapides ; c'est dire combien sa culture est avantageuse. Plus hâtif que la grande espèce précédemment en usage, son grain plus petit donne une farine plus fine et fort recherchée par le commerce ; nos saisons tardives ne lui peuvent rien, car il a le temps de mûrir, et dans les années chaudes et précoces, il permet de semer les blés de très-bonne heure.

V.

BETTERAVE.

Cette racine excellente n'est pas aussi répandue qu'elle devrait l'être ; son mérite est cependant très-reconnu par nos agriculteurs, mais les terrains forts de la Bresse et de la Dombes, et surtout la rareté des fumiers, seront long-temps encore un obstacle à sa culture très-répandue ailleurs.

VI.

TOPINAMBOUR.

Quelques cultivateurs zélés s'obstinent à prôner le topinam-bour soit comme tubercule, soit comme fourrage ; mais malgré

quelques avantages reconnus et la faculté de croître partout,
nous pensons que sans s'arrêter à son défaut de repousser
toujours aux anciennes places, auquel on obvie en le fauchant
avec des récoltes fourragères qui lui succèdent, on ne doit pas
moins le reléguer dans les terrains impropres aux cultures de
premier choix ; tant mieux s'il fait merveille dans la Sologne,
au sable maigre et plein de cailloux !.... Réservons nos bonnes
terres pour la betterave et la carotte ; tâchons d'améliorer
autrement les mauvaises !

VII.

FUMIER PLACÉ FRAIS.

Puisque nous parlons de cet engrais, ajoutons un mot
pour nous élever avec force contre cette routine aveugle et
tenace des gens de campagne qui laissent dévorer leur engrais
par le soleil, en le transportant trop long-temps d'avance sur
les terres à ensemencer. Il n'est pas rare de le voir séjourner
un mois, quinze jours, ou une semaine à l'avance, non pas
seulement en petits tas, mais encore complètement étendu
dans les champs ; puis quand on vient pour l'enfouir, la terre
ne recueille plus qu'une paille légère, au lieu des sels ammo-
niacaux pleins de force qui eussent enrichi le sol privé ainsi de
ses meilleurs éléments.

On a long-temps agité la question pour ou contre les avantages
des fumiers frais, c'est-à-dire sortant chaque jour de l'étable ;
avant l'usage aujourd'hui si fort apprécié du bétail nourri à
l'étable, il était impossible d'enlever chaque jour le fumier :
aujourd'hui que la chose est facile, on se borne à le mettre en
tas près des bâtiments. Les bons praticiens ont bien le soin de
le conduire sur les terres tout juste au moment de semer ; c'est
une bonne méthode, mais ce n'est toujours là que du fumier

ancien et qui a perdu une bonne partie de ses sels fertilisants.

M. de Saint - Prix, dans un article développé, où il rend compte de ses expériences sur le fumier *frais*, n'hésite pas à le proclamer comme plus avantageux que l'engrais vieux. Nous voudrions pouvoir reproduire ses principaux arguments, nous nous bornerons à un rapport sommaire. Après avoir reconnu que le fumier frais se décompose trop lentement peut-être dans les terres fortes et humides, ce qu'il regarde comme un *beau défaut*, que dans les sols aquatiques, gras et froids, privés de calcaire, les sels du fumier frais soient paralysés, ce fait étant une exception en culture, l'auteur fait ressortir les grands avantages qu'il a recueillis de l'emploi du fumier frais, par l'absorption immédiate de la partie liquide qui fécondait plus tard encore les récoltes subséquentes ; et tout en rapportant davantage, grâce à ce mode d'enfouissement, ses champs se sont *graduellement améliorés*. C'est là un fait capital qu'il est bon de soumettre à l'essai de nos cultivateurs ; ils y trouveraient encore, au besoin, une économie de temps et de manutention, le fumier passant de l'étable aux champs. M. de Saint-Prix, du reste, n'enlève le sien que tous les quinze jours, et au lieu de l'entasser au long des écuries, où les pluies entraînent le meilleur, il va le répandre sur ses terres où il l'enfouit, car il ne tolère pas chez lui un seul coin en jachère (1).

En attendant le prochain succès des tentatives opérées en Bresse sur ce point, nous devons persister dans notre conseil de ne pas entasser le fumier à l'avance sur les terres, et tout au moins à ne jamais le répandre sur toute la surface avant d'être en position de semer immédiatement.

(1) *Bulletin de la Société d'Agriculture du Cher*, p. 162 ; 1854.

VIII.

MACHINE A BATTRE.

La science et le génie inventif des Français n'ont pas dit leur dernier mot dans la confection de ces appareils utiles, si fort redoutés des cultivateurs journaliers! Leur apparition a soulevé des murmures, peu à peu chacun s'y fait, et les nombreux fermiers de notre contrée, jaloux d'économiser leur temps et leur grain, s'empressent de faire appel à ces *bons batteurs* qui ne se lassent jamais et produisent plus. Le département de l'Ain est sillonné depuis long-temps par le parcours des machines à battre ; celles qu'il possède fonctionnent bien ; mais on peut avoir quelque chose de mieux, et prochainement il nous sera donné d'avoir un instrument de battage simple, à bon marché et adopté par tous.

En attendant, les Sociétés agronomiques de France mettent au concours les machines à battre, construites dans des conditions avantageuses ; celle du Cher vient de primer une machine pareille, faite par M. Gérard, de Vierzon, qui réunit aux avantages d'égrener parfaitement et sans briser la paille, celui d'occuper le moins de place possible et d'être logée sans dérangement dans les locaux que les agriculteurs ont d'ordinaire à leur disposition (1). Son prix est de 1,000 francs.

M. Lotz aîné, de Nantes, a reçu une médaille d'or pour avoir résolu un problème de simplification d'une grande importance en fondant, pour ainsi dire, le manège avec la machine à battre, qui ne forment plus qu'une seule pièce. La Bretagne et la Vendée où le battage en plein air est traditionnel comme

(1) Voir pour la description le *Bulletin de la Société du Cher*, tom. IX, pag. 146.

en Bresse, ont généralement adopté ce nouvel appareil avec lequel il n'est plus nécessaire d'observer les conditions de niveau ou d'horizontalité.

IX.

TAUREAU DURHAM.

Les Anglais, plus grands producteurs de bêtes bovines pour l'usage de la table que pour celui des champs, sont parvenus à créer une variété qui s'engraisse très-jeune et qui fournit une viande de première qualité, bien supérieure à celles de nos races usitées en France et en Bresse. Il est bien certain que dans ce dernier pays, le cultivateur ne peut pas engraisser jeune son bétail de labour; il est trop utile pour les champs et il ne s'en défait que fort tard, alors que ces bœufs sont vieux et d'un volume très-gros, propice à l'engrais et à la vente.

Le taureau *Durham* est une espèce faible pour le travail; ses membres sont disproportionnés, son cou est mince et petit en raison de son corps; en un mot on reconnaît là un produit artificiel dû à la main de l'homme; mais cette conquête que la nature répudierait avec ses grandes lois de conservation des espèces, est précieuse pour nos pays de consommateurs. Les fermiers ne se décideront chez nous à élever des *Durhams* qu'avec une sage lenteur; mais les propriétaires aisés, qui ont de l'avance et des fourrages artificiels ou autres en abondance à faire consommer, tiendront cette variété importante, qui sera très-recherchée par la boucherie.

C'est un progrès agricole que la France peut faire tout aussi bien que l'Angleterre.

Depuis quelque temps déjà l'attention du gouvernement est attirée sur ce point, et la Société d'Agriculture de Bourg, jalouse de se prêter aux progrès à introduire dans le département de l'Ain, a écrit à M. le Ministre de l'agriculture pour qu'il veuille bien la comprendre dans une prochaine répartition des taureaux Durhams achetés par le gouvernement. La Société a offert de s'associer à cette remise par une contribution pécuniaire laissée à l'arbitrage de M. le Ministre.

Ne l'oublions pas, en produisant un engraissement précoce, nous aurons résolu le problème de la viande mise à la portée du plus grand nombre ; nous aurons économisé du temps et des fourrages, et par suite enrichi plus promptement nos éleveurs, qui, livrant toujours leurs produits, devenus plus faciles, plus prompts et plus abondants, à un meilleur marché, auront ainsi mis la viande à la disposition des classes ouvrières. Sous ce rapport les Anglais sont nos maîtres ; chez eux les relevés statistiques en font foi.

X.

PISCICULTURE.

L'attention publique est depuis long-temps tenue éveillée par les essais tentés par plusieurs amateurs pour reproduire artificiellement les poissons des lacs et des rivières, aujourd'hui si dépeuplés. Des expériences récentes ont démontré la réussite de cette opération ; mais il a fallu y joindre des procédés plus parfaits pour favoriser l'éclosion des œufs fécondés artificiellement. MM. Coste, à Paris, et Millet, ancien employé de l'administration forestière dans l'Ain, ont jusqu'à ce jour montré le plus d'empressement pour l'expérimentation de la pisciculture et sont parvenus à des résultats très-satisfaisants.

Mais il est important d'acclimater ces nouveaux poissons, ce qui n'est pas aussi facile que de les faire éclore et de les avoir en masse à sa disposition ; or, acclimater consiste à faire vivre dans des eaux qui ne sont pas leurs eaux naturelles, certains poissons amenés de pays étrangers : tels que les saumons, les truites, les ombres, les corégones, etc. Le poisson n'est acclimaté enfin que lorsqu'il vit, prospère et se reproduit dans les eaux naturelles où on l'a rapporté.

C'est sous ce point de vue que des efforts très-soutenus doivent être dirigés.

Des récompenses ont été décernées par l'Etat aux inventeurs de cet utile procédé de reproduction ; la Société d'acclimatation seconde par sa direction et ses encouragements nos nouveaux opérateurs piscicoles, mais ils sont bien bons en effet, les uns et les autres, de veiller ainsi à ce que nos fleuves et nos rivières soient repeuplés, tandis que la main de l'homme les dépeuple sans fin et sans réserve ! Qu'importe à la nation que l'Etat et les savants aient trouvé le moyen d'empoissonner nos cours d'eau si, dès qu'ils jouiront du fretin artificiel, tous les pêcheurs se liguent à l'envi contre les nouveaux venus !

Si la loi s'exécutait en France, où nous en possédons un *Digeste* immense et pour toutes choses, est-ce que nos rivières ne seraient pas assez peuplées ! Ce qui le prouve, ce sont les quantités incessantes que les contrevenants tirent par contrebande de ces mêmes eaux, assez garnies sans le secours de la science ; mais que servent les gardes tant qu'ils ne seront pas embrigadés et tant qu'ils se laisseront corrompre par les délinquants, gens fort *humains et faciles* à l'endroit des surveillants qui ne le sont pas moins !

Que servent les maires, qui sont toujours amis ou parents des amodiateurs des pêches ! que sert la loi enfin tant qu'elle s'endort dans le Code !

Le premier moyen pour repeupler les rivières, c'est d'empêcher l'enlèvement du fretin : on proscrit certainement les filets qui n'ont pas la maille, on prend même quelquefois un pêcheur qui vient de ravir à l'espoir du repeuplement cent grammes de poisson blanc, on a vu condamner même un pêcheur à la ligne *flottante* dont la mouchette perfide lui apportait un goujon au moment où le garde en opéra la saisie sans rire! Cruauté que ces poursuites là! Voyez plutôt si votre adjudicataire qui connaît bien la loi et qui l'enfreint avec la même science certaine, voyez s'il n'a pas chez lui un tramail à mailles fines; et demandez-lui d'où viennent ces milliers de *truitettes* de 4, 5 et 6 centimètres de long qu'on vendait au marché de Lyon le 16 juin 1854; du reste, comme partout et toujours à la barbe des pisciculteurs et des gendarmes!

Non! tant que la surveillance sera aussi négligée et tant qu'on ne pourra pas saisir à domicile tous les filets n'ayant pas la maille voulue, et surtout tant qu'il sera permis de vendre ou colporter du poisson trop petit, nos rivières seront toujours dépeuplées, malgré tout le fretin que la pisciculture nous fait pressentir! La véritable manière de repeupler nos cours d'eau, c'est d'empêcher qu'on ne les dépeuple: on le peut, on le doit. C'est à l'État d'y veiller; il y a urgence.

XI.

VERS A SOIE.

La muscardine continue ses ravages dans beaucoup de magnaneries et finirait peut-être par anéantir la variété de vers à soie que nous élevons depuis long-temps. De zélés professeurs d'industrie séricicole ont entrepris à Sainte-Tulle de parer à ce grave danger par la propagation de la race *acclimatée* et *améliorée*, ce sont MM. Guérin-Méneville et Robert; elle l'emporte sur l'espèce ancienne de 39 p. 0/0 en produit.

MM. Alcan et Limet obtiennent, par la perfection de leur filature aux Batignolles, 1 kilogr. de soie de 11 kilogr. de cocons, tandis que jusqu'à présent il fallait toujours 15 kilogr. de cocons pour arriver au même résultat. La race *améliorée* produira plus encore, puisque par cette dernière méthode elle rend 1 kilogr. de soie par 9 kilogr. de cocons !....

Ces avantages sont assez beaux pour encourager M. Guérin à continuer ses expériences.

Mais voici venir de nouveaux faiseurs de cocons, et la Chine va nous fournir bientôt des vers à soie d'une autre espèce, plus robuste et plus facile à nourrir. Les uns vivent sur le frêne, le chêne et le poivrier de Chine ou *fagara*, et donnent une soie qui se lessive en étoffes robustes ; les autres se nourrissent de la feuille du saule, si commune dans la Bresse et le Bugey. Ce dernier ver est le *bombix polyphémus* d'Amérique ; mais les trois variétés chinoises vivent à l'état sauvage et résistent aux froids. Pour l'espèce qui donne les produits les plus communs, on va chercher les cocons dans les forêts ; on les ouvre pour en tirer les chrysalides, on les aplatit et l'on en fait des paquets pour être livrés au commerce, puis ensuite filés.

XII.

ANIMAUX DOMESTIQUES NOUVEAUX.

On a remarqué que nos progrès agricoles ou horticoles nous ont beaucoup enrichis ; mais en revanche nous sommes restés pauvres en fait d'animaux utiles. C'est pourquoi la Société d'acclimatation qui vient de se fonder à Paris s'est dit qu'il y avait beaucoup à faire !

On nous annonce, pour faire suite au *mérinos*, le seul qui ait bien prospéré entre tous les animaux que nous avons tenté de naturaliser en France, le *bœuf yaks* (*bos grunniens*), espèce employée au Thibet avec le plus grand avantage ; M. de Montigny, notre consul en Chine, en a tout récemment amené un troupeau en France. Cet animal nous promet de grands avantages s'il peut s'acclimater chez nous. L'yacks, dans les

pays où on l'élève, tient lieu du mouton par son long poil et
de bête de somme. Il a le dos et la queue du cheval. On prend
facilement les jeunes pour des moutons. Il y en a trois variétés,
une blanche et une noire sans cornes, et une blanche avec des
cornes.

La *chèvre d'Angora*, magnifique animal, aux cornes en
spirale, à la queue en panache, à la riche toison, est également
bonne laitière; si son introduction réussissait chez nous, le
pauvre aurait le lait, la viande et la laine fine mieux qu'avec
la chèvre ordinaire. La chèvre d'Angora a cela d'avantageux
que ses mamelles sont petites et non point embarrassantes comme
celles de la chèvre ordinaire.

Le *tapir brésilien* est un animal domestique employé comme
bête de somme, portant des charges supérieures à celles des
mulets; il montre de l'intelligence et beaucoup d'attachement
aux personnes qui le soignent. M. Linden, directeur du Jardin
royal de zoologie à Bruxelles, en possédait un jeune qui le
suivait dans ses courses avec la fidélité du chien.

On attend prochainement des *lamas* et des *alpaca*, en nombre
assez considérable pour que l'on puisse faire des expériences
sérieuses sur la laine de ces animaux et sur le mérite de leur
viande.

Voilà certes de l'avenir; nous devons espérer qu'avec les
ressources de la science et l'aide active de la Société d'acclimatation, nous arriverons à de bons résultats; qu'on se rappelle
que depuis plus de cinquante ans nous ne faisons rien dans
cette partie de notre bien être; à peine si nous avons conquis
le faisan, le dindon, la pintade, le porc anglo - chinois et le
mérinos!.... Sans des efforts pareils à ceux qu'on veut faire,
nous serions encore privés de ces paisibles conquêtes! Que notre
vive sympathie soit donc acquise à la nouvelle Société; cette
faible Revue lui payera la dette de l'auteur.

XIII.

COQS RUSSES ET COCHINCHINOIS.

Il nous reste à parler de la basse-cour. Depuis plusieurs années le coq russe a régné dans nos basses - cours; les engraisseurs y trouvaient cet avantage qu'il fournissait des chapons énormes de 4 et 8 kilogrammes; on les vendait la pièce 20 et 25 francs, selon le poids. Mais ces chapons étaient rares toutefois; livré jeune au marché, le poulet russe l'emportait également sur ceux du pays; sa chair est bonne, mais moins délicate que celle de l'ancienne espèce. J'ajoute à cet inconvénient que la poule russe est mauvaise mère, aussi nos fermiers les ont supprimées partout.

On a pensé que le croisement de l'espèce russe avec celle du pays ne contribue pas à l'amélioration de la chair; une expérience concluante n'a pas été faite dans les formes, je m'abstiendrai de prononcer. Dans le doute on fait peut-être bien de supprimer le coq russe, car avant lui la renommée des chapons et des poulardes de Bresse était certaine; ce qu'il y a de bien clair, c'est que la variété de Russie ne l'a pas améliorée !

Sera-t-on plus heureux avec le coq cochinchinois ! C'est un superbe oiseau; sa queue diffère de celle de nos coqs, en ce qu'elle n'a pas de plumes séparées et recourbées; elle est fourchue et ressemble à celle d'un roi de caille. On dit la poule très-féconde et donnant de gros œufs; il est certain que c'est une fort grosse espèce, et si elle est féconde long-temps et surtout si elle ne gratte pas comme on l'annonce, ce sera une bonne acquisition comme espèce séparée.

Maintenant les essais nous apprendront si les métis provenant de cette race ont la chair aussi délicate : si on parvient à ce résultat, on aura résolu un beau problème, celui d'avoir des volailles plus grosses et aussi bonnes. Jusques là je demande la permission d'en douter, car qui dit gros, dit peu délicat !

XIV.

DINDONS ; REMÈDE CERTAIN.

J'annonce un remède parfait et souverain pour ce précieux volatile. Chacun sait qu'il en meurt une grande quantité à l'époque où il prend le rouge. Donnez aux jeunes dindonneaux un mélange de pain trempé, d'œufs durs et d'oignons hâchés ensemble par parties à peu près égales, vous les verrez se précipiter dessus, attendre avec turbulence l'aliment préservateur, manger d'abord les parties blanches de l'oignon, puis sa *hampe* aqueuse, les œufs ensuite, finissant par le pain qu'ils recherchent moins, mais que le goût alcalin de l'oignon leur fait savourer aussi. Je ne dirai pas que c'est un remède de roi, mais de *reine*, car c'est celle d'Angleterre qui l'a découvert, par la nécessité de parer à la grande mortalité de ses basses-cours.

Essayé en France par des éleveurs distingués, cette nourriture saine a très-bien réussi, et M. Jourdier, cultivateur à Vert-Galant (Seine-et-Oise), rapporte que grâce à son emploi répété, dès le jeune âge des dindonneaux, tous les siens, moins un, ont résisté à la période si funeste du *rouge*. Ils mangeaient cet aliment avec ardeur et tout petits, ce qui rend bien moindres les inconvénients de l'élevage.

Nous pensons donc que dès qu'ils liront cet article, tous les producteurs de dindons sauront le mettre à profit le plus tôt possible !....

XV.

ABEILLES.

Cette industrie tend à diminuer chez nous ; nos éleveurs en grand s'en vont, et sous le rapport commercial, il est permis de dire que notre département est en souffrance. A Bourg, plusieurs éducateurs sont décédés et personne ne les a remplacés ; nos gens de campagne réussissent peu, et le défaut de soins bien entendus, l'affreuse coutume surtout de faire périr les abeilles, sont cause de leur insuccès. Les amateurs se livrent cependant avec une certaine constance à la production mellifère ; nous en citerions plusieurs. Dans l'arrondissement de Bourg, nous ne connaissons que deux ou trois grands producteurs, en tête desquels nous plaçons le patient et intelligent docteur Herbet, de Pont-de-Vaux ; dans celui de Belley, plusieurs amateurs d'Ambérieu ; et dans celui de Nantua, deux ou trois amateurs éleveurs. Si nous omettons quelqu'un, c'est contre notre gré, car nous serions charmé de mentionner les heureux possesseurs de ces laborieuses abeilles qui seraient une providence pour les pauvres, s'il pouvait s'y adonner avec de légères avances.

L'introduction de la ruche de Beauvoys, adoptée et si utile dans l'ouest de la France, n'a pas réussi chez nous. Divers inconvénients se sont opposés à son succès pour lequel il faut, je crois, tout le zèle et tout l'amour de son auteur ! La Société d'Emulation a fait venir dans le temps un modèle de cette ruche ; elle nous en a confié le dépôt : quelques personnes l'ont empruntée déjà pour modèle ; nous la tenons toujours à la disposition de tout le monde, et nous pourrons y joindre plusieurs ruches pareilles qui nous ont déjà servi. M. de Beauvoys a perfectionné cette même ruche. La 4e édition de son Manuel de l'apiculteur prouve qu'il est très-répandu et la nouvelle ruche aussi. Nous recueillerons avec intérêt ce qu'on pourra nous communiquer sur les essais tentés dans notre département.

L'industrie céricole nous semble diminuer d'importance depuis l'invention des nouvelles bougies ; on ne voit plus nulle part de l'antique et belle bougie en cire pure. L'église elle-même s'illumine avec les nouveaux procédés.

XVI.

LE MÉLILOT, EMPLOYÉ POUR LES VÊTEMENTS ET CONTRE LES PUNAISES.

Cette plante, dont le nom rappelle le miel qu'elle fournit aux abeilles qui dévorent sa fleur, était déjà un très - bon fourrage fort vanté pour la grande culture par le Bon Jardinier (1829). Une récente découverte le donne comme un excellent préservatif pour conserver les vêtements en laine et comme un remède infaillible pour détourner les punaises. Il a cet avantage très-grand que l'odeur qu'il exhale quand il est *sec*, est suave et légère, rappelant celle de la fève tonquin. C'est dire assez que chacun voudra vérifier son efficacité. Ayant saisi dans une conversation le narré des vertus de cette bonne plante, nous l'enregistrons aussitôt, profitant de cette occasion prompte de répandre cette recette nouvelle. Mais quand on cite une plante, botaniquement parlant, il ne suffit pas d'énoncer vaguement, il faut être précis sur l'espèce ou la variété ; or on connaît vingt espèces de mélilot, quelle est la bonne ? Mon correspondant ne le dit pas, il faut y suppléer.

Nous pensons que toutes les plantes de cette famille seraient bonnes ; mais comme le mélilot officinal est le plus aromatique, on le préférera. C'est une plante légumineuse, haute de 42 à

6'1 centimètres, divisée en rameaux étalés, nombreux et re-
dressés, terminés par des groupes de fleurs jaunes en panicule ;
elle est commune en été, dans les champs et dans les décombres ;
elle recherche les lieux secs et élevés.

Il y a aussi le mélilot, *altissima*, à fleurs jaunes, qui croît
dans les terrains incultes ; ses vertus odorantes n'approchent
pas de l'officinal ; quoi qu'il en soit, ce n'est que sec que le
mélilot donne son odeur.

XVII.

HORTICULTURE ; — PROGRÈS.

Partout l'horticulture est en progrès ; chaque département
aura sa Société spéciale pour la propagation des plantes utiles
ou d'agrément, et pour les fruits surtout qui font les délices de
tous, grands et petits !.... La Société d'horticulture pratique
de l'Ain occupe, entre toutes, un rang distingué par les lumières
rapides et bonnes qu'elle a su répandre ; le feu sacré circule
dans notre département et la plus louable émulation se fait jour
de toutes parts. Aussi que d'arbres à fruits plantés, greffés ou
taillés d'après les plus excellents principes, propagés avec
désintéressement par le président de cette Société ! Les réformes
sont partout visibles ; de simples cultivateurs les adoptent, et
l'œil du pélerin horticole n'est plus attristé par les treilles de nos
murs, jadis abandonnées à la nature, maintenant contenues en
cordon resserré, éboucté, pincé, palissé à temps.

La nomenclature des fruits a fait aussi de grands progrès ;
les expositions annuelles les favorisent, et dans peu la langue
pomologique sera une vérité !.... Il était temps, car les fruits
nouveaux pullulent comme les roses ou les dalhias !

XVIII.

QUELQUES LÉGUMES NOUVEAUX.

Des légumes nouveaux fixent l'attention ; la patate a bien de la peine à mordre dans nos terrains ; c'est pourtant là une bien riche acquisition à faire ; c'est ce légume qu'il faudrait acclimater à tout prix.... Mais s'il résiste comme le haricot, que des savants par erreur déclarent acclimaté, jamais nous ne le posséderons assez pour en faire la base de nos cultures légumières. Espérons toujours ! En attendant, voici venir un autre tubercule aux proportions fabuleuses ! le *Dioscora Saponica* atteint un volume énorme ; il résiste très-bien au froid, et sa fécule est excellente ; c'est, je crois, la Chine qui nous envoie ce géant de l'espèce. Il figurait à Paris, à l'exposition de la Société impériale le 21 avril dernier !

Courges. — Plusieurs individus de ce genre ont été successivement prônés, aucun n'est digne d'entrer en ligne avec la courge de l'Ohio. Elle est petite, mais féculente, sèche, de bonne garde, venant bien et se conservant long-temps ; son goût est supérieur à celui des autres courges, sans excepter la *Courge-Marron;* car l'Ohio n'a pas comme cette dernière une saveur aussi prononcée.

L'*Ohio* donne un fruit petit, mais il est très-compact et souvent répété sur une même plante.

XIX.

CLOQUE DU PÊCHER.

Un nouveau remède contre la cloque vient d'être découvert par un horticulteur d'Angers.

Mettez bouillir dans un litre d'eau et pendant 15 minutes,

25 grammes de tabac à fumer, puis plongez dans le mélange refroidi vos bouts de branches cloquées, non seulement elles reprendront peu à peu leur vigueur, mais tous les pucerons périront promptement. L'ancien procédé de la fumigation, seul efficace contre ces pucerons, était embarrassant et gênant pour les pêchers, le nouveau procédé est d'une simplicité, d'une rapidité qui font plaisir et profit! Nous l'avons essayé et **nous félicitons de cette découverte M. Boyau, malgré son nom!**

XX.

SOCIÉTÉ PROTECTRICE DES ANIMAUX, FONDÉE A PARIS; ET A LYON, SOUS LA PRÉSIDENCE DE M. LORTET, MÉDECIN.

Nous ne terminerons pas cette Revue sans signaler une Société aussi méritante. Ce n'est qu'en polissant les mœurs et les mauvais instincts d'un peuple qu'on peut le perfectionner. La religion et la morale seront toujours les premières bases pour former le cœur de l'homme. Les Anglais qui se croient avancés dans la civilisation, ont les *boxes*, les combats de coqs et de bowles-dogs. Les Espagnols se pâment d'aise aux combats de taureaux. La nation française marche en tête des nations pour l'urbanité de ses mœurs et son horreur prononcée pour le sang inutilement versé; nous avons proscrit depuis plusieurs années les combats d'animaux, importés chez nous par des industriels nomades; l'autorité les a sagement proscrits presque partout; la ville de Bourg doit à la sagesse de ses édiles d'être à jamais débarrassée de ce spectacle dégoûtant où des animaux attachés, luttaient à force inégale contre la dent de chiens altérés de sang. Le passage des ours et les combats d'animaux sont à jamais interdits au chef-lieu de l'Ain; il en sera sans doute bientôt ainsi partout, si M. le Ministre de l'intérieur veut bien proscrire à l'entrée cette *importation* qui altère nos habitudes de civilisation.

La Hongrie ne veut pas rester en arrière de cette intervention philantropique, elle vient aussi de porter une loi contre les mauvais traitements envers les bêtes.

Restent les cœurs durs envers les animaux, qui ne comprennent pas ce qu'ils doivent de reconnaissance profonde à ces êtres créés pour les aider sur la terre. Que de sueurs ils épargnent, que d'argent ils apportent au maître le plus impitoyable ! La loi protége les animaux, ce serait assez si tous les fonctionnaires signalaient les faits de ce genre; en attendant, le cœur de l'homme s'endurcit par l'impunité et le mauvais exemple se répand. Nous devons donc voir avec une grande satisfaction l'existence d'une Société paisible, auxiliaire de la loi : nous aimons à la faire connaître; récemment fondée à Paris, elle a décerné des récompenses au mois de juin dernier à ceux qui lui ont été signalés comme usant de bons traitements envers les bêtes confiées à leurs soins.

Un palefrenier de Saint-Eloy (Ain), *Jean Petit*, a reçu une médaille, qui lui a été transmise par la même Société qui existe à Lyon.

Cette dernière, devancée en Bavière, vient de recevoir du prince de ce pays, des médailles et des lettres flatteuses pour le bien qu'elle est appelée à faire aussi en France. C'est ainsi que les cœurs généreux s'entendent partout.

Puisque j'ai parlé de notre sympathie bressane pour nos compagnons domestiques, je ne puis me dispenser d'être son interprète auprès de l'autorité. Dans plusieurs de nos villes la liberté des chiens est proscrite; des arrêtés permanents les vouent à la mort par les mains des surveillants qui les saisissent avec des nœuds coulants en fer, les traînent sans pitié par les rues dans d'horribles convulsions; ensanglantés, hurlant de douleurs, au grand émoi des habitants qui en sont les témoins; c'est là qu'il reste quelque chose à faire, et nous demandons au nom de tous qu'on nous épargne enfin ces scènes dégoûtantes et contraires à nos paisibles habitudes.

Il nous reste à faire une observation locale.

Nous sommes obligé en conscience de rappeler que la rage, quoi qu'on en dise, est peu répandue ; les arrêtés contre les chiens errants ou sans colliers portant les noms de leurs maîtres, seront toujours approuvés. On parle d'établir un impôt sur ces animaux ; pourquoi ? pour en diminuer le nombre ! Eh bien, si vous en diminuez le nombre, l'impôt produira peu ! Mais c'est pour qu'ils disparaissent tous au besoin, dites-vous, et qu'on évite un *seul cas* de rage, car c'est trop de taxer les chiens au prix d'un seul homme !.... C'est bien ; mais alors ayez une loi qui en voue l'espèce à la mort, ce sera légitime ! puis renoncez à votre impôt. Mais si vous voulez qu'on prenne des ports d'armes, maintenez les chiens !

Si cette Revue est goûtée, chaque année le Journal de la Société d'Emulation en contiendra une semblable.